THiNK

复古

VINTAGE

[比利时] 皮埃特·斯温伯格 / 著
[比利时] 简·维林德 / 摄影
杨梓琼 / 译

科学技术文献出版社
SCIENTIFIC AND TECHNICAL DOCUMENTATION PRESS
·北京·

图书在版编目（CIP）数据

复古 /（比）皮埃特·斯温伯格（Piet Swimberghe）著；（比）简·维林德（Jan Verlinde）摄影；杨梓琼译．—北京：科学技术文献出版社，2021.4

书名原文：Think Vintage

ISBN 978-7-5189-7682-9

Ⅰ．①复… Ⅱ．①皮… ②简… ③杨… Ⅲ．①室内装饰设计—图集 Ⅳ．① TU238.2-64

中国版本图书馆 CIP 数据核字（2021）第 039718 号

著作权合同登记号　图字：01-2021-0950

复古

策划编辑：王黛君　责任编辑：王黛君　宋嘉婧　责任校对：王瑞瑞　责任出版：张志平

出 版 者　科学技术文献出版社

地　　址　北京市复兴路 15 号　邮编 100038

编 务 部　（010）58882938，58882087（传真）

发 行 部　（010）58882868，58882870（传真）

邮 购 部　（010）58882873

官方网址　www.stdp.com.cn

发 行 者　科学技术文献出版社发行　全国各地新华书店经销

印 刷 者　艺堂印刷（天津）有限公司

版　　次　2021 年 4 月第 1 版　2021 年 4 月第 1 次印刷

开　　本　889 × 1194　1/16

字　　数　494 千

印　　张　13

书　　号　ISBN 978-7-5189-7682-9

定　　价　399.00 元

INTRODUCTION

前言

Why vintage?

为什么是复古风?

皮埃特·斯温伯格

每个时代都有自己的风格吗?是,也不是。比如,新艺术运动大概兴起于 1900 年,装饰艺术风格从"咆哮的 20 世纪 20 年代"开始流行,孟菲斯风格则形成于 20 世纪 80 年代。不过有些年代无法和某种特定的风格联系在一起,比如,20 世纪 90 年代或 21 世纪初这些特殊的年代。除此之外,如果你恰好生活在某个风格形成的中期,难免会想概括、总结当下的流行风格,还可能试图将其提炼,使其更加理论化。当然了,我们如今生活的这个年代,也充满着各种各样正在形成其特色的室内装饰风格。其中一个关键词,毫无疑问就是复古风。自 20 世纪 90 年代以来,我们注意到,在伦敦和巴黎的不少地方,市场上开始陆陆续续出现夏洛特·佩里安(Charlotte Perriand)、勒·柯布西耶(Le Corbusier)和让·普鲁维(Jean Prouvé)等人设计的老款家具复苏的现象。法国和英国的艺术家和设计师们在某种程度上可以说是第一批重新评估这些 20 世纪 50 年代的"古董设计"的人。安特卫普、伦敦、巴黎和纽约的第一批古董家具商,还有一些大型拍卖行,立刻加入了这股潮流。各大拍卖行和跳蚤市场的存在,让人们更有可能及时追赶上这股名为"复古风"的时尚潮流。今天的你可能很难想象,曾经有段时间,你甚至可以在旧货摊上买到设计师伯托埃(Bertoia)的作品。不过很快,人们就不得不去一些更好、更高端的跳蚤市场淘货,比如,著名的巴黎圣图安跳蚤市场,才能找到一些复古设计款家具。直到几年前,我还在跳蚤市场上看到过一些让·普鲁维、伊姆斯夫妇(The Eames)、皮埃尔·保兰(Pierre Paulin)的作品正在出售,价格也是非常划算。总的来说,只要你用心去淘,也能在跳蚤市场上找到好东西。当然了,复古家具的再次流行也不仅是出于商业价值方面的考量。对复古家具设计的全面重新评估,同时也赋予了室内设计新的灵魂。在经历了 20 世纪 90 年代的极简主义风潮之后,整个室内设计行业终于朝着更具趣味性的方向前进了。

CONTENTS

目 录

NEOCLASSICAL STYLE

新古典主义风格

Vintage Palladio

复古帕拉第奥式建筑

ATLAS
FERRARIS

餐厅墙壁上的这块金属板（见第 1 页）来自布鲁塞尔的原子球塔，这是 1958 年世界博览会的著名纪念碑，它可以说是一颗闪耀着现代艺术作品光彩的宝石。这种古典式建筑和低矮的现代家具之间的对比让人感到耳目一新。从房子的中间望去，你可以看到餐厅的样貌。餐厅的桌子上方挂着一盏由鲍尔森（Poulsen）设计的松果灯。在比娅 · 蒙贝尔斯的室内设计作品中几乎没有极简主义的落脚之地，你可以在任何地方找到各种各样的物件。

从古时候起，人们就已经知道把房子修建在海拔比较高的地方更能给人留下深刻的印象。这也是意大利文艺复兴时期那些有名的建筑师们通常会把他们的建筑设计得比较高的原因。安德烈 · 帕拉第奥（Andrea Palladio）可能是文艺复兴时期最有名的建筑师，他的设计风格间接影响了这座建于 1826 年的恢宏的新古典主义住宅的设计思路。19 世纪初期，意大利文艺复兴风格被世人重新发现，比利时的建筑师们也开始重新建造帕拉第奥式建筑，莫伦沃特霍夫庄园就是一个很好的例子。这座乡村联排别墅修建在一座法国大革命之后空置的修道院的地基上，是为一个羊毛生产商建造的，这是该地区当时最豪华的建筑之一。20 世纪末期，这座建筑开始衰落，后来变成了一个棚户区，一些室内装饰的元素也因人为的故意破坏渐渐消失了。幸运的是，这座建筑也经历了一次修复。最近，比娅 · 蒙贝尔斯（Bea Mombaers）又对它重新进行了一番设计。比娅因其独特的复古室内装饰风格在世界范围内都饱受赞誉。通过在室内放入浅色调元素、艺术品和有强烈雕塑特征的设计款家具，比娅给这座宏伟的建筑内部注入了一种恬静的氛围。这样一来，业主就不会再觉得这座房子古老得让人感觉像住在博物馆里一样了。比娅挑选的这些复古家具让周围古老的环境焕然一新。得益于宽敞的中央入户大厅，你可以欣赏到这种帕拉第奥建筑典型的众多室内景观。

像所有的帕拉第奥别墅一样，这座别墅也是围绕着门廊而设计的，门廊里，一座精致的楼梯（见第 6 页、第 7 页）蜿蜒地穿过整座房子。这座楼梯与伯托埃（Bertoia）设计的钻石椅的形状非常匹配。费鲁齐奥 · 拉维阿尼（Ferruccio Laviani）设计的这张 UFO 桌，可以说是这间新古典主义入户大厅里最吸引眼球的物品。在房子的后面，有一间朴素的深黑色的办公室，同时这也有可能是这座建筑里最私密的空间。

厨房的装潢很显然是乡村风格，让我们想起这座房子以前的装修。荷兰著名设计师彼特·海恩·伊克（Piet Hein Eek）设计的这张大木桌会让来到这里的每个人都感到宾至如归。桌子就摆放在花园一侧，靠近入户门的位置，就像一个接待区。请留意厨房开阔的视野，还有从四面八方照射进来的奇妙光线，这些就创造了一种轻松活泼的气氛。

1970S VILLA

20 世纪 70 年代别墅

Syrian Chest

叙利亚古董柜

DE WEVER
bookshelf
SNOECKS 2008
Made in Italy
COCO
Tolstoj

moderne
MEUBELS
SCHILDERKUNST
VAN A TOT Z
DE WEVER
bookshelf
DAVID LA

BEST OF
HIP HOTELS
SNOECKS 2008
NEW YORK 1900
PARIS MON AMOUR

建筑师文森特 · 范 · 杜伊森（Vincent van Duysen）最近修改了这座位于布拉斯哈特的 20 世纪 70 年代别墅的平面布局图。他构想了一种全新的光线入射方式，可以产生漂亮的远景和流光。因为房间的原始结构有许多小房间，光线非常暗淡。房子现在的活动中心是厨房，这里摆放着一张躺椅，可以在上面看报纸。负责室内装饰的卡洛琳 · 范 · 蒂罗（Caroline van Thillo）解释道："这是一个真正的家庭住宅。在这里，每个人都会感到舒适自在。毕竟，你必须避免每个人都坐在角落里的情况出现。"这也是为什么，她把车库改造成了一间有着大窗户和黄檀木墙面的儿童房。带有书架的大型入口大厅里，摆放了一把用来放松的椅子，文森特围绕着这个中心轴设计了房间里的其他一切。室内设计师卡洛琳喜欢带有折中风格的室内装饰，她说："我喜欢有设计感的物品，也喜欢美丽的古董。混搭风很好，不过我们最终要实现的是一种平衡和谐的状态。"室内设计风格的灵感来源是这个抽屉上镶嵌了很多珍珠母的叙利亚古董柜子，这件家具也很符合手工技术和天然材料回归的风潮。这种珍珠母镶嵌的设计让她想起布鲁塞尔设计师阿多 · 查勒（Ado Chale）设计的那些漂亮咖啡桌，他会把贝壳、纽扣或石头碎片镶嵌在桌面上。这座房子里也摆放了一张阿多 · 查勒设计的桌子。古色古香的抽屉柜给人一种宁静的感觉，让你感觉到这里的每件物品都有自己的故事。卡洛琳补充道："别忘了，漂亮的室内环境不是一下子就创造出来的。你必须时不时添置一些小摆设。毕竟，室内装饰也是你生活状态的反映。"

许多带有老式室内装饰的现代住宅都会有单独的通道。这座房子原本自带的这个有些荒凉、无聊的入户大厅，就是一个典型的案例。现在，这里被改造成一个可以看到所有房间的大图书阅读区，成了这座房子里最令人兴奋的地方之一。除此之外，这里还摆放着一把艾洛·雅各布森（Arne Jacobsen）设计的红色蛋椅。客厅的设计有些俏皮感，巴洛克风格与简洁利落的设计相融合，比如，保尔·雅荷尔摩（Poul Kjaerholm）设计的这把PK25号椅（在前景位置），还有壁炉边这把沃伦·普拉特纳（Warren Platner）设计的优雅的蓝色扶手椅。

由于复古风的流行，人们因此重新发现了 20 世纪 50 年代的藤制家具的美妙之处。它们富有装饰性，形态优雅，而且能够给室内带来一种轻松感和夏日的感觉。设计师卡洛琳·范·蒂罗认为，房子应该有很多可以用来安坐的角落，并且应该尽量经常使用。这个阅读角靠近叙利亚古董柜，并且摆着一盏谢尔盖·穆耶（Serge Mouille）设计的阅读灯，这里就是一个她特别成功的设计。

IDEAT
IDEAT
HUE KELLY WEARSTLER

今天的我们很难想象，这栋别墅在 20 世纪 70 年代的那种乡村风格室内装饰是什么样的。屋顶下的这间卧室还留有一些 70 年代的元素，但是整体风格变得很现代。原本的车库则被改造成了孩子的起居室。

MIES
MOTORCYCLES & STARS
PINARELLO

MIXTURE OF OBJECTS

物品混搭

Summerhouse

夏日别墅

Let's
think
about
eart

VIVONS PERCHÉS
15000
15000
ANNUAL

CALDER

根据室内设计师卡洛琳·范·蒂罗的说法，沿海地区和内陆地区的生活方式有很大不同。她在比利时海滨城市赫特 - 祖特的假日别墅就是这种观点的完美例证。她解释说："在海边，你的车几乎可以永远停在那里。你可以骑着自行车，充分融入大自然。"这也是为什么，她的这座度假别墅散发着一种夏日的气息。这座建筑没有什么突出的风格，因此，既不会显得特别现代，也不会特别质朴。平面构造简洁实用，露台一侧有宽敞的起居区。卡洛琳·范·蒂罗说："在海岸边生活，最重要的就是光照。"光照必须是室内设计的一部分，并且一定要让它反映出来。这也是为什么，浅色的墙壁和地板是这座海边别墅必不可少的要素。同样重要的是，要有一扇打开之后能够让人充分享受露台风光的窗户。色彩和幽默感是这种让人感到乐观的装饰风格的支柱。几年前，几乎每个人还认为海边的房子只能是北海风格的颜色。然而，卡洛琳·范·蒂罗喜欢明艳的色彩和图案，甚至更喜欢几分幽默。你可以看看桌上的这个仙人掌摆件、棕榈树花纹的壁纸，以及这间粉刷成红色的卧室。这在一定程度上是对英国著名室内设计师大卫·希克斯（David Hicks）的致敬。大卫·希克斯一直吸引、激励着她。在 20 世纪 60 年代，希克斯的室内装饰风格色彩搭配丰富、大胆混搭各种物品。如今，正是这种风格为这座家庭别墅提供了一种悠闲的节日氛围。

卡洛琳·范·蒂罗喜欢生动活泼的色调。她在餐厅的角落里悬挂了两张比利时画家吉恩·杜博伊斯（Jean Dubois）的抽象画。萨里宁（Saarinen）设计的这张大理石桌上的陶瓷仙人掌摆件是一个原创设计作品，桌子旁摆放的是夏洛特·佩里安（Charlotte Perriand）设计的椅子。

PARIS-NEW YORK

从巴黎到纽约

Colours

色彩搭配

DAVID HICKS: DESIGNER
ASHLEY HICKS
Wouter Deruytter Cowboy Code

关于色彩搭配，设计师克里斯 · 梅斯特达格（Chris Mestdagh）也有很多话要说。毕竟，作为一名色彩设计师，他收到过很多家公司的设计墙纸、浴巾和地毯的工作委托。克里斯 · 梅斯特达格最开始是一名时装设计师，后来渐渐发展成了一名室内设计师。他在世界很多地方都居住过。离开巴黎后，他曾经先后搬到了纽约和东京，他现在定居在这座有着中世纪集市之称的城市——比利时布鲁日，至少暂时定居在这。他现在居住在一座建成于 18 世纪的大房子里，这座房子有着老旧的房梁和壁炉。他发现这个老城区和他曾经居住过的纽约之间的对比非常令人兴奋。在克里斯 · 梅斯特达格设计的房间里，你不会看到过多的色彩，但是细微之处又让人感觉到非常微妙。他在室内设计方面的一个基本方针是，运用他多年收集的古董。比如，这个威利 · 范 · 德 · 米伦（Willy van der Meeren）设计的学校储物柜和这些弗里索 · 卡默（Friso Kamer）设计的椅子。不过他最喜欢的一件家具是他在东京找到的这把椅子，是由日裔美国设计师中岛乔治（George Nakashima）设计的。“我喜欢混搭风格，比如，把复古风和工业风的设计混合在一起。”克里斯解释道。他也痴迷于木材和金属的结合。他还设计了这里的餐桌、书桌，还摆放上了这张西藏僧侣手工制作的编织地毯。他解释道：“这里不是一间标准的住宅公寓，对于我来说，这里也是一间工作室，毕竟我也会在这工作。”这些物品立刻使房子里的气氛和风格变得不那么正式，而是更轻松。

我们目前尚不清楚这种感觉是不是这张手工编织的藏式地毯造成的，但这座房子的内部装饰的的确确带有一些东方特色，比如，裸露的墙壁、适度的色彩，以及简单、不起眼的设计师家具类型，例如，餐桌旁中岛乔治设计的椅子。这种宁静的气氛非常适合这个地方，房子位于中世纪城市布鲁日的中心。布鲁日曾经是一个国际港口，现在是一个浪漫、风景优美的省级城市。

克里斯·梅斯特达格设计了房子中的很多件家具，比如，厨房里的小餐桌。他喜欢工业风的材料和设计。客厅里摆放着一个比利时设计师威利·范·德·米伦设计的古董学校橱柜。和其他很多设计师一样，他在 20 世纪 50 年代也受到了著名设计师让·普鲁维的作品的影响。橱柜旁边摆着的椅子就是弗里索·卡默设计的反叛椅。

MYSTERIOUS ATMOSPHERE

神秘氛围

Interbellum Period

战间期[1]

1 译者注：两次世界大战之间的时期。

这座房子的风格很不寻常，并且受到了阿姆斯特丹学派建筑风格的启发。埃莉斯·范·图因处理这些历史遗产的方式很特别。除此之外，这座房子精致的装潢创造出了一个艺术工作室般的空间，您可以在其中欣赏每个新旧细节，例如，这扇蒙德里安风格的玻璃窗。埃莉斯还拥有一系列独特的设计师家具。几乎每样孤品都有一个自己的故事，比如，这把比利时设计师马尔登·范·塞夫恩（Maarten van Severen）设计的皮革座椅。

埃莉斯·范·图因（Élise van Thuyne）认为，虽然她是建筑界的外行人，不过她觉得设计住宅完全是为了创造亲密感。因此，她发明了自己独家的设计方法，并将其运用到了她的家里。顺便说一句，这是一座相当独特的房子，它由根特的建筑师乔治·科辛斯（Georges Cosyns）建于 1935 年。乔治和许多同时代的人一样，非常崇拜荷兰的现代建筑风格。在根特地区，很多建筑师都非常喜爱阿姆斯特丹派的表现主义砖式结构。几何图案的玻璃窗、大尺寸的门，还有高高的镶板，绝对是这座房子战前设计风格的一部分。这座房子还有一个宽敞的门厅，内部装饰有点类似于远洋客轮的风格，埃莉斯将其部分用作客厅空间，因为她在另外一部分摆放了许多椅子。巨大的楼梯给人的感觉像是这座房子的脊梁。埃莉斯表示：“每次我走过这座房子，都会发现新的视角。这是由无数的玻璃门和窗户创造的。根据不同的时刻和季节，都会有不同类型的光线照进室内。”埃莉斯用把整座房子隐藏在树木中的方法保护它，就像她发现这座房子时一样，因此，保留了它原本的神秘气氛。她还尽可能修复了这座房子原本的内部装饰。拆除会掉落的天花板和墙壁之后，房子原有的建筑结构和她有意保留下来的色彩就显出来了。埃莉斯还设计了几条新的走廊，比如，这个从起居区到厨房的通道。翻新还改进了现有的建筑结构。可以说，埃莉斯翻新工作的核心就是连接这座房子里各个新旧部分，你甚至能感觉到整个翻新项目都遵循相同的自然模式。埃莉斯认为，这种类型的建筑作品非常精细而富有创意。

光线在这里非常重要，它从四面八方潜入室内，同时让阴影也起到了作用，创造出了一种亲密感。举个例子，看看这座通向前门的通道，上面显示了这座房子之前的住户的姓名首字母。这几株室内植物奇特的枝丫同样也支撑着房屋的建筑风格，就像日本版画的画面一样。

Dirk Braeckman
GEORGE

这个巨大的窗户建在室外楼梯上，可以说是第二次世界大战前砖式建筑的绝佳案例。厨房的装饰令人赏心悦目。光线反射在清漆天花板、墙壁和地板砖上，从而增强了视角。埃莉斯还设计了一个水磨石岛台。请留意室内装饰表现出的温柔感，例如，卧室的墙壁上覆盖着粗麻布（见第 50 页）。

FORGOTTEN DESIGNS

被遗忘的设计

The Seventies

70 年代

身为复古设计品交易商和收藏家，弗雷德里克·罗齐尔对建筑师们不同寻常的设计作品有着独到的鉴赏力，比如威利·范·德·米伦在20世纪50年代设计的独特餐边柜，屋中这张餐桌也是威利同一时期设计的。建筑师卢西恩·恩格斯则为一家青年旅社设计了这把古怪的木制椅子。

复古设计品交易商和收藏家——弗雷德里克·罗齐尔（Frederic Rozier），痴迷于20世纪70年代风格。不过，他喜欢的并不是那个时期的嬉皮士风格，而是在当时非常流行的、有些严肃的平房建筑风格。他的家是根据建筑师乔治·范登布斯基（George Vandenbussche）设计的平面图于1970年建造的。乔治·范登布斯基和马克·弗克斯特（Marc Verkest）一起经营着一间革命性的设计事务所——Konstukto设计事务所。他们非常擅长这种坚固的砖石混合混凝土结构的建筑。而弗雷德里克·罗齐尔除了是一名收藏家外，也是“失物招领”公司背后的推动者，该公司将比利时建筑师们被遗忘的设计重新引入市场。在他的餐桌周围，你可以看到他代理的所有设计师们的作品，比如，威利·范·德·米伦（同时也是这张餐桌的制造者）、卢西恩·恩格斯（Lucien Engels）、乔斯·德·梅（Jos De Mey）和雷纳特·布雷姆（Renaat Braem）的作品，这座设计精巧的图书馆则是比利时设计师鲍彻-费伦（Baucher-Féron）的作品。其中很多设计作品都是限量版。这就是为什么这些设计师会被逐渐遗忘的原因，而罗齐尔试图做的是，通过重新生产来复兴这些设计。在罗齐尔的家里，你会注意到20世纪50年代的设计与70年代的幸运发现的完美融合。所有物品都天衣无缝地融合在一起。这种和谐的秘密是材料，而颜色的统一是关键。关于室内装修的颜色，他坚持只用了黑色、白色和红色。屋子里有一个伍特·霍斯特（Wouter Hoste）制作的三色花瓶，可以说这个花瓶总结、诠释了整个室内装潢的特点。

客厅里，这个布鲁塞尔设计师鲍彻 - 费伦设计的金属架子非常引人注意。它原产于 20 世纪 50 年代，现在已经由弗雷德里克 · 罗齐尔重新投入生产了。客厅中的桌子是由威利 · 范 · 德 · 米伦设计的，这张皮革座椅则是设计师克里斯托弗 · 格弗斯（Christophe Gevers）的作品。罗齐尔还在步入式衣橱中重新引入了红色边桌，这是威利 · 范 · 德 · 米伦设计的回形镖边桌。

12
DIM
XI
NO
VEM
BRE

CONTEMPORARY RIAD

当代摩洛哥风情庭院

On The Roof

在顶楼

René Magritte
JAN DE COCK
Dirk Braeckman
MODERN

PALLADIO
NEUTRA

这棵树位于一座建成于 20 世纪 60 年代的办公大楼的七层。建筑师汉斯 · 维斯图伊夫特打破了屋顶的设计，创建了一个当代的天井。他的办公室就位于同一层的天井周围，他的住所则在上面一层，那里也是差不多的结构。他还设计了所有照明设备和几种家具，比如，这把铜制扶手椅（见第 61 页）。

住在安特卫普主干道之一的建筑师汉斯 · 维斯图伊夫特（Hans Verstuyft）解释说：“住在高处意味着能够躲避城市的噪音。从七楼看下去，这座城市甚至显得有些乡村气息。”从 20 世纪 60 年代起，他和家人就住在一栋办公楼的最高两层。这是一栋简陋的混凝土结构建筑。拆除了部分墙体和支柱之后，汉斯 · 维斯图伊夫特围绕一棵真正的树建造了一个两层楼高的庭院，给房子带来了宁静。从早到晚，光线都能通过玻璃墙从四面八方照进房子里。但由于楼层较高，即使是夏天，也会有清新的微风吹进来。汉斯 · 维斯图伊夫特选择了极具温暖感但光秃秃的建筑风格。他选择了石灰墙面和大量的大块木材，并设计了自己的灯和大部分家具。作为一名现代派设计师，维斯图伊夫特更喜欢严格计划，并限制所有类型的装饰。不过他对古铜色的天然材料充满了热情，这也是为什么他使用了纯铜材质的吊灯，这种材质的灯灯面氧化得非常漂亮。到目前为止，他的灯具在国际上也广受欢迎，而且这种设计仍然是行家们的最爱。这间公寓里的生活基本都围绕着庭院展开，这使得它看起来像一个当代的摩洛哥庭院。所有的房间都坐落于庭院周围。室内几乎没有房门，所以你可以很容易地从一个区域移动到另一个区域。实际上，维斯图伊夫特非常确信他的建筑散发着一种摩尔式 - 地中海氛围。从屋顶或者通过房子的许多窗户，可以欣赏到宏伟的城市风光，有时候甚至可以看到一艘大型船在斯海尔德河上航行。

这个家提供了非凡的光照体验。石灰墙营造了一种地中海的氛围，周围的露台更增添了安特卫普的天际线景观。

建筑师维斯图伊夫特喜欢精美的色彩和材料。所有照明装置都使用了氧化过的黄铜，他还将铜与很多木材结合在一起，甚至把这种设计运用在了厨房里。房屋的结构、光线的入射方式和走廊的设计，让这座住宅成了一座当代的摩洛哥风情庭院。

JAMIE OLIVER
The Naked Chef
NIGELLA EXPRESS
Mijn Pure Keuken1

OLD TOWNHOUSE

老房子

Countryside

乡村风

这座房子有一个典型的联排别墅的平面，有三个房间：带有新古典主义风格壁炉架的客厅、有工作台和横梁顶天花板的中厅，以及位于后面的有着蓝色墙面和古董版画的餐厅。客厅里有一把来自丹麦的不同寻常的椅子，法国品牌 Jielde 出品的 Z 形灯紧挨着这把椅子摆放，墙上挂着 20 世纪 50 年代的红色飞利浦灯。

能够一睹本书的摄影师简 · 维林德（Jan Verlinde）的家，实在是太令人兴奋了。简喜欢复古设计，不过他也有一套自己的方法能够将复古设计融合到室内设计中。我们关注的是这间建成于 20 世纪 20 年代的房子里的居住空间，它并不属于当时流行的新艺术风格，而是以乡村风格来装潢的。从图书室的木地板、大理石壁炉和横梁可以明显看出这一点。这个居住空间被分成了五个部分：前厅、客厅、中厅、图书室和包含厨房的餐厅，简自己设计了图书室和餐桌。从墙上悬挂的这些古董照片、大量的木材，以及桌子上和图书室里摆放的大量的幸运收藏品中，您可以看出内部空间的风格其实相当乡村风。简虽然是因其室内和建筑摄影作品而闻名于世，不过他还喜欢捕捉自然风光和景色，毫无疑问，他的一部分灵魂是属于乡村的。作为一名游艇爱好者，他的灵魂也和大海紧密相连，他几乎每周都会去海边。我们也能从房间里的装饰感受到这一点。简很喜欢个人化的室内装饰，对他来说，风格远没有个性重要。当然，这意味着纪念品能够无意地展示住户的气质和精神状态。比如，这个房子的内部环境能够让你迅速放松，从某种程度上说甚至能够逃离时尚和潮流。

LE CHASSEUR MALADROIT.
LES CHASSEURS AU RENDEZ-VOUS.
LE CHASSEUR AU REPOS.
LE CHASSEUR ADROIT.

维托里奥·诺比利（Vittorio Nobili）设计的椅子环绕着简·维林德自己设计的餐桌。在荷兰家具品牌 Pastoe 出品的餐边柜上方，悬挂着一张巨大的简·维林德摄影作品。这两把皮革扶手椅是由丹麦工业设计师克里斯蒂安·索尔默·维德尔（Kristian Solmer Vedel）于 1963 年设计的。

IN DE STAD
CENTURY

THE LOOK

VICTOR BOURGEOIS

维克多·奥古斯特

Bauhaus Mania

包豪斯热

REDISCOVERED
MODERNISM
JULIUS SHULMAN

第一次世界大战到第二次世界大战之间的这段时期，前卫艺术在布鲁塞尔蓬勃发展。20 世纪 20 年代，许多建筑师都被包豪斯风格吸引。对于那时候正在亨利 · 范 · 德 · 威尔德（Henry van de Velde）的指导下学习的维克多 · 波吉瓦（Victor Bourgeois）来说也是如此。1928 年，维克多 · 波吉瓦为雕塑家奥斯卡 · 杰斯珀斯（Oscar Jespers）建造了这座房子，奥斯卡在这一直住到 1968 年。很多知名艺术家定期来参观拜访，其中就包括早在 1913 年开始在布鲁塞尔举办展览的瓦西里 · 康定斯基（Vassily Kandinsky）。正因为如此，这个房子现在变成了一个工作室式的住所。如今，这里是古董收藏家让 · 弗朗索瓦 · 德克勒克（Jean-Francois Declercq）的家，他从 16 岁起就开始收集设计作品。他从收集伊姆斯椅开始了收藏生涯，后来，他又发现了比利时设计师朱尔斯 · 韦伯斯（Jules Wabbes）制作的家具，让 · 弗朗索瓦 · 德克勒克痴迷于建筑师设计的家具。他的收藏品包括威利 · 范 · 德 · 米伦、夏洛特 · 佩里安、勒 · 柯布西耶等人的作品。当然了，还有他心目中战后最重要的设计师让 · 普鲁维的作品。让 · 弗朗索瓦 · 德克勒克在他家的每个角落都运用了金属板，这些金属板来自喀麦隆的一所学校，这正是让 · 普鲁维的作品。很显然，这座包豪斯风格的房屋也是他收藏的灵感来源。“顺便说一句，我从不买任何正在流行的东西”，他解释道。比如说现在，他正在寻

这座 1928 年建于布鲁塞尔的不同寻常的房子虽然称不上一座博物馆，但它确实拥有各种顶级设计师设计的家具。当然，这些作品都是勒·柯布西耶和夏洛特·佩里安设计的原版作品，而不是之后的再版。墙上的金属板来自让·普鲁维设计的活动板房。

觅一些吉诺·萨尔法蒂（Gino Sarfatti）、唐纳德·贾德（Donald Judd）等人设计的简朴家具和物件。据让·弗朗索瓦·德克勒克说，设计、建筑和雕塑之间是没有界限的。

REDISCOVERED
MODERNISM
JULIUS SHULMAN
GIO PONTI

这座房子是按照新实用主义的思想建造的，这是一种没有装饰的功能性风格。维克多·波吉瓦当初为雕塑家奥斯卡·杰斯珀斯建造了这座房子。对于古董商让-弗朗索瓦·德克勒克来说，这间工作室般的房子实在是一个理想的住所。他在楼下布置了一间可爱的办公室，在里面摆放着让·普鲁维设计的家具。

JEAN PROUVE
MOBILIER
ANTIQUITES DU XXe SIECLE
32 AVENUE ANATOLE FRANCE _ NANCY
TEL. 83.27.34.64 _ 83.98.40.16

LE CORBUSIER
LE CORBUSIER

THE PANTON TOWER

潘顿塔

Contrasts

对比

MEN'S ADVENTURE
MAGAZINES
All-American Ads
CHANEL
PIERRE et GILLES
MODE
DE EEUW VAN DE ONTWERPERS

复古设计品交易商乔文 · 奥特詹斯（Joevin Ortjens）居住在布鲁塞尔扎维尔区和跳蚤市场之间的地方，这一带地区充满了古董交易商和装修工人。他的公寓或多或少反映了比利时这座首都城市的与众不同和多姿多彩。这间公寓位于一座建于 20 世纪 30 年代的老建筑中，周围环境非常热闹。公寓原本的室内状况不佳，不过乔文已经翻新了从灰泥到拼花地板在内的所有的旧装饰元素，因此，这里现在的陈设五花八门，既有古董，也有收藏品，还有相当多的复古设计品，那也是他的店里售卖的东西。引人注目的自然是潘顿塔，这是设计师维奈 · 潘顿（Verner Panton）在 1968 年为一个展览而设计的巨型座像雕塑。乔文 · 奥特詹斯承认，他从小就梦想着能拥有这件精美的家具。潘顿塔相当罕见，因为尺寸的原因，并没有很多人能将其保存在家里。乔文 · 奥特詹斯对他公寓里的物品都做了记录，其中有些是家庭财产，具有情感价值，例如，这个狂欢节面具。乔文 · 奥特詹斯非常喜欢混搭风格，并且会将古董和设计结合在一起。在他看来，这也是当今流行的风格。他还喜欢很多类似的物品，比如，意大利产的玻璃花瓶。他的自由风格很可能来源于他先前在巴黎的生活经验，他在巴黎时曾经在时尚界工作过一段时间。在那之后，他短暂地为一位古董交易商工作过。现在，比起古董交易商来，他感觉自己更像一个室内装潢设计师。他向我们透露，他是从室内装潢设计师的角度卖古董的。

黑暗的墙壁给室内增添了一种神秘的气氛，有些类似于剧院的装修。装潢师乔文 · 奥特詹斯喜欢把风格混合搭配，他也会把有价值的物品和从跳蚤市场上找到的物件混搭在一起。白色的天花板和门框起到了一种画框的作用。乔文喜欢真正的剧院古董，比如，这张模仿帝国风格的金属长凳。

LUCKY FINDS

幸运的发现

Mix-and-match

混搭风

1000 chairs
GRAPHIC DESIGN NOW
American
The Cemetery of Reason

多年来，“舒适”这个词汇已经变得太老套、不适合使用了。你甚至不能在文章中提到这个词。而且，人们也看不起那些标榜舒适的室内设计风格。设计师朱莉 · 格兰杰（Julie Grangé）认为这种情况是一种绝对的疯狂。她错了吗？没有，恰恰相反，“舒适”这个词正在卷土重来。近年来，我们已经从极简主义的束缚中解脱出来，开始喜欢某些特定的装饰和室内风格，这些内部装饰充满了迷人和明亮的色彩。朱莉让她的孩子们在家里找到自己喜欢的位置，而且她总是很高兴能把幸运的发现带回家。不过，她的家并没有因此乱成一团。这栋建于 20 世纪 30 年代的建筑装修得十分时髦。朱莉解释道：“我通过创建一个开放式厨房来增加光线的照射，而且在各处都创造了一个很好的开放视野，这样能带给你一种空间感，这是很重要的。”她已经收集复古设计品很多年了，甚至可以追溯到她的学生时代。她的展示品之一就是这个丹麦设计师波尔 · 卡多维乌斯（Poul Cadovius）制作的壁挂架。她也喜欢五颜六色的色彩要素，只需看一眼椅子上的这些色彩各异的靠枕和露台上的蝴蝶椅就知道了。“实际上，我喜欢混搭的风格，从来没想过什么搭配。”朱莉说：“我一般会让物品自然而然地融合在一起。”这虽然不算是一种经典、和谐的搭配，但结果还是挺成功的，朱莉毫不费力地将这些来自宜家的五颜六色的靠垫与巴黎优秀设计师克里斯托夫 · 德尔考特（Christophe Delcourt）设计的台灯结合在一起。自然了，这也应该是可行的。

在室内设计师朱莉 · 格兰杰家中，这个起居室是跳动的心脏。起居室包括儿童游乐区、休息区、用餐区和一个采光充足的开放式厨房。餐桌周围摆放的椅子是 20 世纪 60 年代丹麦设计师设计的椅子，餐桌上有一盏由法国设计师克里斯托夫 · 德尔考特设计的漂亮的 Olp 灯。

朱莉的展示品是丹麦设计师波尔·卡多维乌斯（Poul Cadovius）制作的壁挂架，朱莉在上面摆放了各种各样的幸运发现。卧室里摆放着一张老式的金属托利克斯椅，椅子上方悬挂着设计师科琳娜·范·阿弗尔（Corinne van Havre）设计的 LaLoul 系列的玻璃墙面雕塑。

THE ART COLLECTOR

艺术收藏家

Scandinavian Inspiration

斯堪的纳维亚灵感

光是 20 世纪 20 年代现代建筑的典型元素，比如，光线的明亮和纯洁，就让很多建筑师都着迷。这似乎很合乎逻辑，这些建筑师中有许多人出生于 19 世纪，他们都曾经历过拿破仑三世时期祖父母家里那种杂乱无章的内部装修。因此，光成了 20 世纪现代建筑设计的主题。在比利时，现代建筑在 20 世纪 50 年代到 60 年代迎来了第二次繁荣，这座位于布鲁日南部的宏伟建筑就是在这一时期建成的。这座建筑最近被翻新了，室内设计师菲利普 · 西蒙（Philip Simoen）正满怀热情地居住在这里。根据建筑师亚瑟 · 德盖特（Arthur Degeyter）留下来的建筑设计图可以看出，这座房子分两个阶段建造：1962 年，这座别墅建成了；1973 年，又在这里修建了一间工作室。亚瑟 · 德盖特在该地区建造了相当多的现代平房，并且把这些建筑设计为夏季别墅。这座房子曾经是一位艺术收藏家的第二个家，他会在夏天和家人一起来到这里享受乡村风光。西蒙喜欢整洁利落、结构简单的建筑，这显然是由于当时非常流行斯堪的纳维亚建筑。设计师菲利普 · 西蒙运用了一种当代的设计风格，一点也不假装时髦。你会在他的室内装饰风格中找到一些复古的设计，不过却没有运用如今正流行的铜制装饰品。西蒙曾经在巴黎著名的卡蒙多艺术学院学习。这座房子还有一个美丽的花园，刚好模糊了室内和户外的界限。

这座房子是分成两个阶段来建造的。左边是 20 世纪 60 年代建造的别墅客厅，右边则是 10 年后扩建的部分。这座房子散发着 60 年代建筑风格的气息。室内设计师菲利普 · 西蒙选择用大量精致的艺术品和设计来装饰这座房子。在扩建部分，他在漂亮的砖地板上设置了休息区，作为他的工作空间。

建筑师亚瑟·德盖特在二十世纪五六十年代设计了很多现代住宅。它们被设计成来自斯堪的纳维亚式的避暑别墅，有着平坦而呈悬浮状的屋顶和高大的窗户，可以让大量的光线照进屋子。这栋房子已经被完美修复过，并且新建了一座雕塑般的花园，由西蒙亲自设计。

La lampe
Gras

建筑师菲利普·西蒙的工作室原本被设计成了一个艺术收藏家的工作室。我们在房屋中间看到了一座壁炉，简单的横梁和砖石地板赋予了它一种阁楼般的风情。我们还注意到，房间里摆放着勒·柯布西耶、野口勇和伊姆斯夫妇设计的家具。会议桌周围是由知名度相对较低的芬兰设计师伊马里·塔皮奥瓦拉（Ilmari Tapiovaara）设计的多莫斯椅。

STRUCTURAL CHANGES

结构上的改变

Contemporary Boost

速战速决

最近，老式的学校椅变得非常受欢迎。最漂亮的学校椅是那种有着金属支架和木座面的椅子，它们大多结构简单，实用且优雅，并且都是由优秀设计师设计的。这些德国胶合板座椅完全是 20 世纪 60 年代的产物，墙上的荷兰 Tomado 墙架也是同一时期的作品。餐厅装修很简单却富有个性。看看这间房子里的厨房、用餐区和生活区是如何巧妙地联系在一起的，实在很有意思。

如果你认为需要一大笔预算才能翻新房屋或实现现代风格的室内装饰，那么我只能说这是一种错误的观念。根据室内设计师朱莉 · 范 · 德 · 顿克特（Julie van der Donckt）的说法，足智多谋也同样重要。“你当然需要更换窗户并做隔音处理，有些地方还需要进行结构上的改变。有时候你需要大胆地打开厨房或客厅的空间，因为过去人们的生活方式不同，人们大多住在更封闭的房间里”，她解释说。通常情况下，最大的变化发生在房子的后面，那里是花园的所在地。花园和生活区之间的衔接很重要。你必须有足够的勇气创造一个令人惊叹的效果，来为整座房子增添现代感。尤其是客厅，因为你会每天都使用这个空间。这座 20 世纪 50 年代的房屋就是一个很好的例子。原来楼下的起居区显然需要进行一些修复，因为那里很昏暗。因此，朱莉拆除了一些隔墙，在花园一侧建造了几扇大窗户，创造出了一个宽敞的生活区。生活区包括厨房、餐厅和用来休息的角落，所有这些区域都相互连接得很好。白色的墙壁和木地板，再加上朱莉的复古家具，给这个地方带来了一种朴素和谐的氛围。那把旧的伊姆斯躺椅是朱莉的传家宝。餐桌周围环绕着 20 世纪 50 年代的学校椅，墙上是现在非常流行的源自 20 世纪 60 年代的荷兰金属书架。厨房装修得非常简单，但白色大理石厨房岛台还是营造出了一种优雅的氛围。为了照明，朱莉选择了一盏保罗 · 里扎托（Paolo Rizzatto）于 1973 年设计的吊灯，这盏包豪斯风格的灯提供了一种额外的复古风情。这座房子的室内装饰是在很短的时间内完成的，却使用了相当简单的资源和大量的创造力。

THE GLOBETROTTER

环球旅行者

Pied-à-terre

临时住所

Brussels Biennial
Life Style

ORBAN SPACE
BAUHAUS

建筑师久利安·德·斯密特（Julien De Smed）在他每一个办公室的所在地都有一个家，包括纽约、哥本哈根和上海。我们现在来到的就是他在布鲁塞尔的临时住所。久利安是一位充满雄心壮志的建筑师，他的职业生涯主要是在比利时以外的地方发展起来的。一开始，他是在鹿特丹雷姆·库哈斯（Rem Koolhaas）的大都会建筑事务所 (OMA) 实习，后来他来到了哥本哈根，并且在那里成立了一间设计工作室。久利安喜欢专注于与其他设计师共同合作开发的大型项目。他最早的个人设计作品之一，就是挪威奥斯陆宏伟的霍尔门科伦滑雪跳台。在奥尔胡斯，他协助完成了冰山项目的工作。他积极参与了许多大型项目，因此，会在很多不同的地方居住。在布鲁塞尔，久利安住在火车南站附近的一间公寓里。那里以前是一家工厂，由 Bob361 建筑公司进行了翻修。“这也是我会建造的那种运用了大量混凝土的建筑类型，我并没有那么喜欢砖石，不过我喜欢大窗户、大量的光照和露台”，久利安解释道。这间高层公寓就像一座空中岛屿。“我喜欢高地。在冰山和另一座我设计成山形的公寓楼中，这一点表现得很明显。我现在身在高处，这里很安静，非常适合做脑力劳动。”这间公寓由相互连接的起居室和两个露台组成。还有一间带夹层的音乐室。久利安说：“夹层的房间里有一张床，我可以躺在床上欣赏星星。这在大都市里无疑是一件很奢侈的事情。”从音乐室可以直接来到厨房，厨房里的餐桌实际上也是他的办公桌。他的笔记本电脑通常会放在桌子上，但是当朋友过来时，可以放在一个架子上。桌子是有轮子的。这里的一切都必须是可移动的，包括居住者和他的家具。

在第 124 页和第 125 页中，展示的是一个带夹层楼的音乐室。房间里有一张床，建筑师可以躺在床上欣赏星星。在这个起居室里，除了那把包豪斯办公椅，几乎所有的东西都有轮子。所有这一切都指向一个事实——居住者是一个环球旅行者。

这间公寓最令人兴奋和惊叹的地方是从厨房到音乐室的开放视野。混凝土橱柜把一切都联系在了一起，粗糙的墙壁和混凝土地面则突出了阁楼的特点。建筑师久利安喜欢宏大的创作项目，不过在这间他用于生活和工作的、有紧密感的临时住所里，他居住得非常舒适。

GEOMETRIC PATTERN

几何图案

Wall Sculptures

墙面雕塑

我们正身处在一座建造于 20 世纪 30 年代的大房子里。除了其中的物品，大理石壁炉架和天花板也在提醒我们这个事实。建筑师克里斯汀 · 冯 · 德 · 贝克（Christine von der Becke）对这座房子进行了翻修。设计师科琳娜 · 范 · 阿弗尔（Corinne van Havre）将各种风格和家族传承而来的老物件混合在一起设计了客厅。餐厅里摆放着两把吉奥 · 庞蒂（Gio Ponti）设计的“超轻盈”椅。餐桌周围这几把优雅的椅子，则是诺曼 · 彻纳（Norman Cherner）在 1958 年设计的彻纳椅。

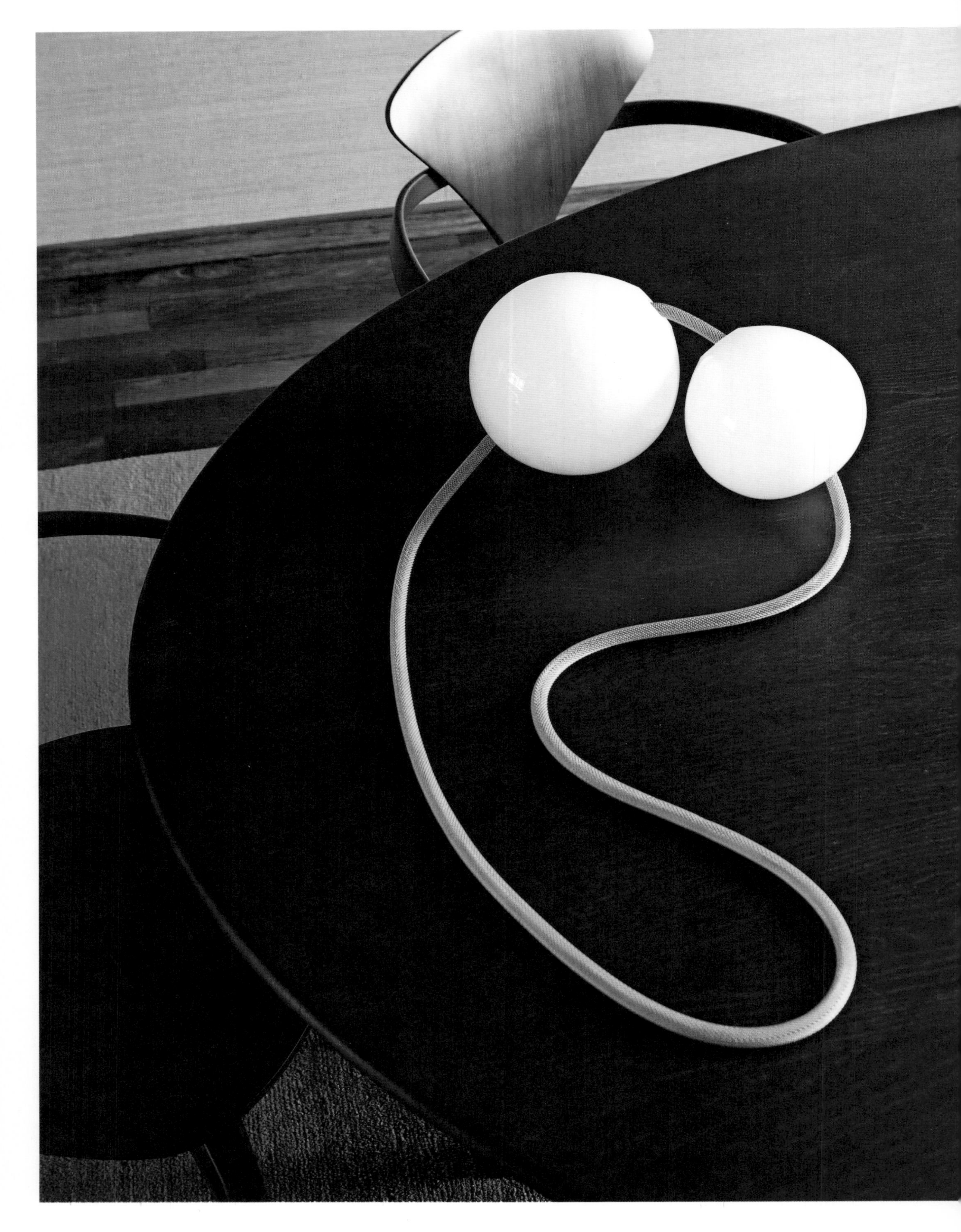

科琳娜·范·阿弗尔从制作珠宝开始了自己的设计生涯，后来渐渐改为制作由玻璃和铜编制而成的雕塑。她很喜欢彻纳椅流畅的造型。这座房子中，有一座美丽的楼梯蜿蜒而过。我们还需要留意由建筑师冯·德·贝克设计的楼梯井和现代式厨房里华丽的几何马赛克砖。

这座建筑不显眼的外观掩盖了其迷人的室内装饰。但你一进去就会注意到这些内饰，因为它的入口大厅非常独特。马赛克地板的几何图案和简朴的橱柜，瞬间把我们带回了20世纪30年代——当时荷兰风格派和包豪斯主义的影响在低地国家随处可见。那些年，大多数人倾向于选择装饰性更强的“装饰艺术”风格，而不是相对朴素大胆的现代主义装饰风格。还有这座蜿蜒穿过整栋房子、直达顶层的楼梯，显然是现代风格的，这也正是住在这里的人欣赏的风格。设计师科琳娜·范·阿弗尔和她的家人居住在这里。科琳娜在一座祖辈们传承了数百年历史的庄园里长大，她在那里欣赏到了到了很多古董和古老的绘画。事实上，科琳娜正是西班牙画家彼得·保罗·鲁本斯的后代，这也是她为何拥有如此高超的对独特建筑和物品的鉴赏力的原因。她曾经在伦敦学习过一段时间，之后也在苏富比拍卖行工作过。再后来，她开始制作珠宝。到目前为止，她的珠宝作品已经演变成墙上的雕塑和挂在房子各处的移动装置。自2013年起，她的系列作品“LaLouL”就开始在市面上销售。科琳娜对光线也很着迷，她设计的一些雕塑还用来作为墙面照明，形成了一个特殊而有些神秘的球体。这座建筑绝不只是一个经典的室内设计案例，而是一个私人收藏的展示，表现出了科琳娜对这些物件的深沉爱意。随处可见的历史珍宝代表着科琳娜的家族历史，这些古董让这座房子的室内装饰也同样华丽气派。

ARCHITECTURAL FREEDOM

建筑自由

The Starfish

海星结构

这座房子的形状像一只海星，中间有一个玻璃环绕的天井露台。从用餐区望去，你可以看到立体主义风格的厨房，厨房被设计成了一个飘浮的球体结构。这栋乡村别墅坐落在景观建筑师埃里克·杜恩（Eric Dhont）设计的一座宽敞的花园里。巨大的窗户让你从房子的任何地方都能够欣赏到花园的景色，还可以看到房子的其他“触手”。

当来自Low Architects设计公司的建筑师汤姆·辛德瑞克（Tom Hindryckx）和斯蒂恩·考克斯（Stijn Cockx）最初在肯彭森林中设计这座特殊的房屋时，他们完全没有想到建筑最终呈现出来的效果会像一个海星。他们发现许多当代的房子都很无聊，并且都对二十世纪五六十年代建筑师的建筑自由感着迷，这两位年轻的建筑师与二十世纪五六十年代的那些建筑师有着更深层次的联系。通过给房子添上五只翅膀——海星的五只触手，他们扩大了房子的居住面积，房屋海星一般的形状也增加了额外的内部视野。他们的设计灵感来源于美国艺术家丹·格雷厄姆（Dan Graham）设计的玻璃和镜式展馆。这座房子的天井是一个位于海星正中心的五边形小屋，形态可以算是格雷厄姆创作的艺术品。“就像格雷厄姆的作品一样，这些窗户能够反射出周围的区域。你可以轻易看到屋子里其他人正在走动，这也能给人一种热闹和安全感”，汤姆·辛德瑞克说道。天井被做成了一个植物园，并且有一扇可以在夏天打开的门，能够提供凉爽的空气流通。这个海星结构的每一个“触手”都有不同的功能。其中一个触手部分成了起居室，丹麦设计师波尔·卡多维乌斯设计的一个巨大金属书架将其内部封闭了起来。这栋房子最后的装修花了很多心思。黑色的混凝土外立面上有方格花图案，从有一定距离的远处看，感觉像是使用了金属。窗户由阳极氧化铝制成，表面有青铜抛光的光泽。入户大厅里，洗手间和衣帽间隐藏在一堵由穿孔金属板制成的墙面背后，金属板上还有网状图案，这也参考了60年代的装修风格。再过一些年，当埃里克·杜恩（Eric Dhont）设计的花园完全建成后，这座海星般的建筑将变得更加美丽并富有神秘感。

DISCONNECTED FROM STYLE

与时尚脱节

Surrealism

超现实主义

NAMARENKO
TISSUS
ART
DECO
EN FRANCE

作为一名建筑师，卡洛琳·诺特（Caroline Notté）已经享有盛名了。同时，她也是一名非常活跃的摄影师。为了拍照，她经常在全世界四处旅行。在她的个人网站上，她将建筑与摄影融合在一起，提供了一种令人兴奋和鼓舞人心的结果。不过她的家里却很少有自己的作品。“这是因为我是一个真正的收藏家”，卡洛琳·诺特解释道：“而且我也喜欢其他人创作的艺术品。我会买各种各样的艺术品，而且从来不考虑墙上还没有空地方。我也喜欢家具，我不介意任何不寻常的东西。比如说，我经常会在克诺克的比娅·蒙贝尔斯的店里买到一些新东西，比娅的店里永远会有一些原创新奇的玩意儿。”这些艺术品在她家里的陈列方式给人一种相当生动和复杂的印象。“很久以前，我曾经在建筑师马克·科比奥（Marc Corbiau）的工作室做过一段时间的实习生。马克习惯用纯粹的线条来表现细微之处，那对我来说是非常有教育意义的。在那之后，我又为装潢师、电影导演莱昂内尔·贾多特（Lionel Jadot）工作了很多年。贾多特很喜欢各种物品和花色，他唤醒了我内心收藏家的灵魂。现在，我喜欢各种各样的东西：现代、复古、艺术，应有尽有。我被很多不同的风格吸引。或许，我喜欢这么多不同种类的风格，也是对如今仍然非常流行的这种展厅式极简主义的回应。我觉得，能让我放松的地方，应该是一个与时尚风格脱节的地方。”此外，卡洛琳喜欢幽默和超现实主义的诙谐。“我的室内装饰风格是有点反计算机的，并且是以一种幽默的方式设计

建筑师兼摄影师卡洛琳·诺特认为，设计不应该太过严肃。她喜欢别人可能觉得陈腐老旧的东西，而且喜欢选择特别和不寻常的东西。我们只需看一眼厨房里的橱柜就知道了，这个柜子是用一辆雪铁龙2CV的车门做成的。她还喜欢鲜明的对比和雕塑感的设计，比如，这张沙里宁餐桌和这几把郁金香椅。她的摄影作品之一就挂在墙上。她不惧怕使用不同颜色的事实，在这个海滨住宅的夏日避暑房间里表现得非常明显（见第154页）。

的”，卡洛琳说，“这可能是在塞维利亚生活和工作两年的结果。我必须承认，有时候我会怀念那个城市的氛围和生活，那是一个充满派对和热情的城市，正合我的胃口。”

Toys for Girls

在卧室里，她用生动的黑白对比更加突出了一切。白色的钻石椅完美地契合了这个画面。由于这种华丽的装饰，她的室内装饰有某种波普艺术的质感。

HORIZONTAL ARCHITECTURE

水平建筑

Suite 17

17 号套房

一个迷人的地方总会有一些值得收藏的东西，比如，这座位于北海沿岸悠闲古镇尼乌波特的度假屋。这座建筑曾经是一家玩具店，建筑师维姆·德普特（Wim Depuydt）将其完全翻新成了几个住宅单元，其中包括一个四周围绕着封闭花园的阁楼式单元。来自多尔恩的室内建筑师负责部分室内装修。德普特的建筑结构简单且实用，花园周围还有一个 L 形的居住空间，中间是由 Nu Architectuuratelier 设计公司设计的混凝土餐桌和厨房。“我们喜欢这种紧绷、水平的建筑”，肖恩·莱比尔（Sean Lybeer）解释道，他和妻子乔·斯瓦特（Joelle Swart）一起在这里经营度假屋。肖恩是著名的凡尔纳摄影工作室在根特的长期助理摄影师。这份工作让他能够有机会周游世界，欣赏美丽的室内装饰，这也带给了他巨大的灵感。室内陈设的这些复古家具是他在旅途中自然而然的发现，这些美丽的绘画则是肖恩的传家宝。这里的内部陈设，打造出一种会让你花几小时与朋友在这里吃饭的环境。餐厅比休息区占据了更重要的位置，这种设计对一个欢迎很多朋友到来的度假屋来说自然再适合不过了。“17 号套房”这个名字与房子的门牌号码有关，也与它的内部装修完全不像一个不知名的酒店套房的事实有关。我们同样要知道的是，这座位于城镇中心的建筑的内部装饰，其实从街上是看不见的。因此，这座房子可以说是城市中心的一座孤岛。

这是一栋适合招待朋友的房子。这就是为什么在屋中建造了漂亮的混凝土桌子，还有一整套复古椅子的原因。这些椅子都是在跳蚤市场淘到的。将不同时期的椅子组合在一起的过程很有意思，因为你会更注意到设计的美。这座房子建造在带游泳池的花园周围。客厅里有芬兰设计师埃罗·阿尔尼奥（Eero Aarnio）设计的一个地球仪，还有一张优雅的 20 世纪 50 年代办公桌，可能是阿尔弗雷德·亨德里克斯（Alfred Hendrickx）的作品，墙上面挂着一幅戈弗雷德·佛菲马（Godfried Vervisch）的精美画作。

NIEUWSTE
ASTROLOGIE
CHARLOTTE MUTSAERS

对复古设计的重新评价完全改变了室内装饰的方向，比如，重复使用了过去的色彩组合，但是也有一定区别。混凝土地面、墙上悬挂的照片和其他许多细节使这座房子的当代风格变得更加有趣、悠闲和有艺术感。

WORLD FAIR

世博会

The Thirties

30 年代

内部装潢的丰富性隐藏在大量细节和朴素的风格中。然而，当你仔细观赏房间里的所有东西（如大型枝形吊灯和墙上的照片）时，又能发现这种朴素感是相对的。凡妮莎·德·默尔德喜欢有刺激性的触感。在这里，你会注意到许多精致的家具物品，比如，建筑师胡布·霍斯特设计的管状家具（见第170页），他曾在荷兰风格派标志性杂志《风格》上发表过作品。

在安特卫普1930年世界博览会的举办地，一个住宅区迅速兴起，那里到处都是可爱的装饰艺术风格住宅。我们现在走进的就是展览区里的一栋房子。室内设计师凡妮莎·德·默尔德（Vanessa de Meulder）用过去的视觉语言给人一种宾至如归的感觉。她的家在那个时代相当现代化，楼下还有个车库，楼上看起来像是一间20世纪30年代的公寓。她还保留了由建筑师路易-赫尔曼·德·科宁克（Louis-Herman de Koninck）设计的战前硅钢薄板式厨房，她对家具的巧妙选择反映了她对战前设计的钦佩。例如，休息室里有两件罕见的由比利时先锋派建筑师胡布·霍斯特（Huib Hoste）设计的钢管家具，霍斯特曾在艺术家特奥·凡·杜斯伯格（Theo van Doesburg）创办的荷兰风格派标志性杂志《风格》（*De Stijl*）上发表过作品。房子中充满了各种精美的家具和物品。比如说，凡妮莎选择在卧室里摆放了一把古董克里斯莫斯椅。还有一张由传奇人物罗布斯·吉宾斯（Robjsjohn Gibbings）设计的长椅，凡妮莎小时候和她父亲——室内设计师让·德·默尔德（Jean de Meulder），碰巧在雅典见过吉宾斯。20世纪晚期，让·德·默尔德是低地国家的室内设计行业的领先人物之一，他对艺术和精美的古董都有着敏锐的鉴赏力。作为一名设计师，凡妮莎受益于家族设计传统，它赋予了她的室内设计风格额外的维度，并将它们与你在其他地方看到的设计区别开来。

CENTURY
RUHLMANN
DUPRÉ-LAFON
FRANK
VERANNEMAN
PETER LINDBERGH
ARTNOW
A WORLD HISTORY OF ART
HISTORY OF ART
JAZZ
WILLIAM CLAXTON

FASHION AND CERAMICS

时尚与陶瓷

Ceramic Studio

陶瓷工作室

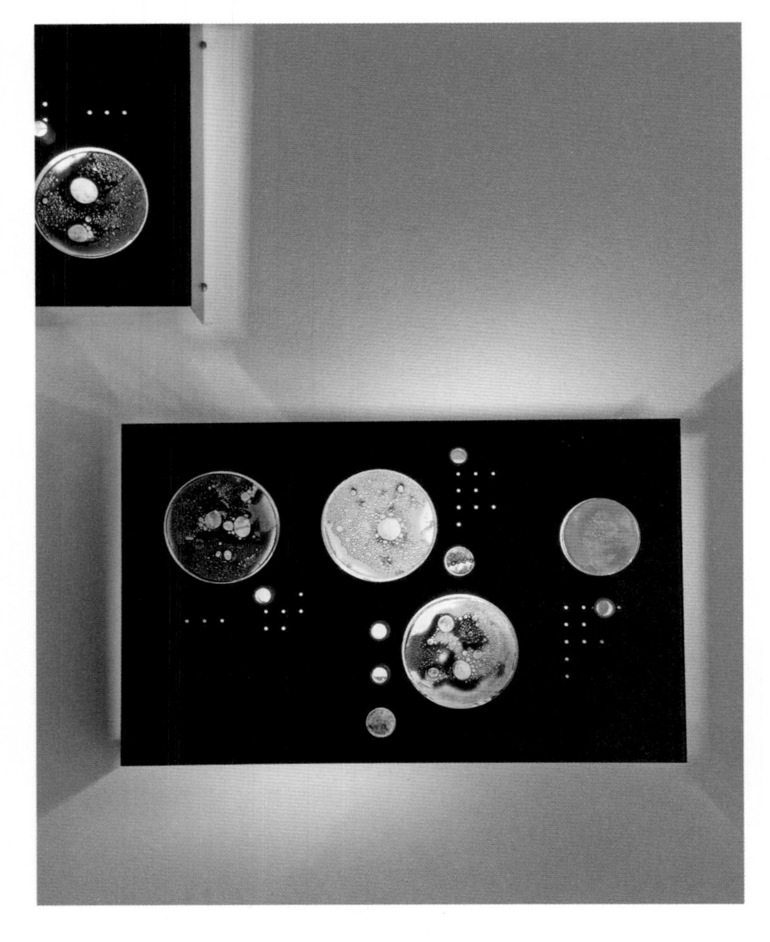

多年前，沃特 · 霍斯特和哈维 · 布特斯就预测，手工艺品的复兴将会强烈影响艺术、时尚和设计领域。现在，这一趋势正在全面展开。他们也顺势融入了这一潮流——先是收集古董陶瓷，现在又开始创作自己的小型陶瓷艺术品。他们的家也是非比寻常。他们的住所占据了顶层的大部分位置，还设有一个封闭的小花园。

为了建造这座位于安特卫普的建筑，人们不得不拆除了一座城市大厦，取而代之的是一个简单的混凝土仓库式建筑。建筑师克里斯 · 迈斯（Kris Mys）把它改造成了一个住宅单元，里面有许多工作室，顶层还有一个有很多玻璃的大居住空间。这里是创意二人组沃特 · 霍斯特（Wouter Hoste）和哈维 · 布特斯（Harvey Bouterse）的理想住所，他们的部分工作是时装设计。多年来，他们一直在收藏 20 世纪 50 年代和 60 年代的陶艺作品，他们收集的陶艺作品大多出自佩里尼姆（Perignem）和安法拉（Amphora）等佛兰芒先锋派工作室。顺便说一句，时尚和陶瓷之间的联系是完全现代的，许多时装设计师都为它着迷。这也解释了为什么这间房子里有这么多陶瓷制品——从花瓶、台灯到瓷砖桌子，各种各样的陶瓷制品都有。他们收藏陶瓷制品的狂热已经转变成了对艺术的好奇。过去的几年里，沃特和哈维甚至尝试了黏土和玻璃。他们每周都会去布鲁日附近的贝尔讷姆的佩里尼姆老作坊，在那里，他们用传统的时尚技术和上釉工艺来制作当代陶瓷收藏品。沃特一般会做灯和花瓶，哈维则会为花朵制作模具。他们的室内装饰风格没有那种您在其他地方能看到的经典设计。“我们不收集任何名头”，哈维说，“我们是很情绪化的收藏家，我们只保留我们想在这里看到的东西。这些收藏与财产无关，而是通过本能在进行收集，所以我们的收藏永远不会无聊。”所有物品都没有有固定的摆放位置，东西从一个区域移动到另一个区域，他们也没有悬挂任何画作。这里的室内装饰永远不会完成，毕竟，这是一间创意工作室。沃特说：“晚上我们一般会在图书室里消磨时间，那里到处都是书籍和以前的产品目录，是一个研究或获得新想法的好地方。”收集 20 世纪 50 年代陶瓷的经历，也使哈维和沃特重新评估了手工艺的价值，这也再次成了艺术和设计的潮流。

我们现在看到的正是他们的图书室，他们经常会在这里整夜浏览旧的产品目录和书籍。巴西著名设计师塞尔吉奥·罗德里格斯（Sergio Rodrigues）制作的复古椅子是这间屋子最吸引人眼球的物品。

150 YEARS OLD

150 年历史

Artistic Decor

艺术装饰

GERT VOORJANS

这座紧凑的乡村别墅的视野开阔到有些奇妙，而且让人意想不到，让你每次都能看到隔壁房间悬挂的画作。娜塔莉·德博尔拆除了大部分的门，创造了一个大的生活空间。乡村环境中的设计总能让人感到兴奋。比如，在客厅里，有一把由汉斯·瓦格纳（Hans Wegner）设计的旗绳椅，这是这位设计师最开始设计出来的座椅家具。

“这是一个真正的社区中心”，室内设计师娜塔莉·德博尔（Nathalie Deboel）解释道。这座白色的房子有着 150 年的历史，处在奥斯特克区的中心地带，就在达默和克诺克之间的一个风景如画的小镇。这座房子曾是镇上的旅馆。娜塔莉在保留了它原有灵魂的同时，彻底翻新了这个地方。厨房是这座房子的核心区，也是每个客人烹饪食物时都会逗留的地方。从厨房你可以看到三个地方：走廊、有一张巴西式办公桌的客厅和一个很小的用餐区。娜塔莉认为，亲密感和开放的视野很重要。因为门不多，她干脆创造了一个开放的居住空间。她毫不费力地将乡村中的材料、艺术与设计相结合，可以说这是一个非常不寻常的组合。在厨房里，你可以看到厨房操作台上华丽的大理石、墙壁上的白色代尔夫特瓷砖、橱柜的粗糙木材、木质地板及粉刷过的墙壁。再看看家具。你会注意到房间里陈设了一些复古家具，但是没有过多的设计款家具。餐厅里甚至还有一张法国路易十三时期的古董长凳，椅子和大桌子显然也是乡村风格。娜塔莉分两个阶段对房子进行了翻修。据她说，这样可以让她能够更深入地研究这座房子的空气循环和光的入射。这座房子不仅因为它的布局而引人入胜，还因为它的装修，轻松、淡然并带有一点艺术气息的装饰，以及现代艺术和摄影而吸引人。

STONER
Arne Quinze studies
Jan Fabre
CHALCOSOMA
Kleine bronzen 2006-2012

厨房里铺着古色古香的白色代尔夫特瓷砖，颇具现代感。请注意粗糙的大理石和后面的小休息区，这绝对是这座房子里最私密的角落。

CONSTRUCTIVIST ARTISTS

建构主义艺术家

Subtle Colours

微妙的色彩

Terroir Parisien

Terroir Parisien

FORM FOLLOWS LIFE
SOL LEWITT A RETROSPECTIVE
PUTMAN STYLE
Urban Spaces
ARCHITECTURE IN SWITZERLAND

室内设计师米歇尔 · 潘尼曼（Michel Penneman）对颜色很有研究。他与潘通公司的合作促成了在布鲁塞尔的潘通酒店的创建，而且他在未来几年还有更多丰富多彩的项目要做。“然而，就我个人而言，我不会选择在色彩过多的室内居住”，他这样评价自己。他在一栋建于 20 世纪 30 年代的大型公寓楼里有一套漂亮的公寓，大楼紧邻着伊克赛尔池塘。房子的外立面是纯粹的艺术装饰风格，而室内则经过精心装饰，从仿古橡木拼花地板中就能看出这一点。房间里到处有颜色元素。“但白色的墙是必不可少的”，米歇尔解释说。我们可以在物品、家具和艺术品中找到这些颜色。米歇尔 · 潘尼曼喜欢建构主义艺术家，比如，比利时著名的雕刻家和平面艺术家乔 · 德拉豪（Jo Delahaut）。德拉豪主要创作美丽细腻的画作，客厅里就挂着他的一幅 20 世纪 60 年代的巨幅画作。米歇尔 · 潘尼曼也热爱几何图案，因此，把我们把注意力转移到客厅和餐厅角落的亚美尼亚地毯上。来看看房间里大量线条清晰的玻璃和陶瓷物品，它们是典型的五六十年代的艺术品。“我不是一个真正的复古狂热者”，米歇尔说，“毕竟，我喜欢各个时期的各种设计，从古老到现代。”他也会选择混合的材料、风格和颜色。

室内设计师米歇尔·潘尼曼喜欢几何图案。你可以从房间里的亚美尼亚地毯和建构主义绘画中发现这一点，比如，这幅比利时建构主义画家乔·德拉豪于 20 世纪 60 年代创作的大型矩形画作。他还喜欢用玻璃和陶瓷制作的小型设计款物件。

这种宽敞的公寓是典型的布鲁塞尔和巴黎式设计，有一条长长的，可以悬挂挂画的走廊。潘尼曼以其在潘通酒店丰富的色彩运用而闻名于世，但他对自己公寓内部的色彩范围进行了一定限制。

BUILDING
A NEW
MILLENNIUM
croquis
Edward
Weston
Terroir Parisien